Permaneced juntos
aprended las flores
id ligeros.

Fragmento del poema *Para los niños*
(*La isla de la tortuga*, Gary Snyder)

Este libro está dedicado a ti.
Tengas la edad que tengas, en ti viven
las semillas de la naturaleza salvaje.
Deseamos que este libro sea lluvia
y abono para esas semillas.

MENTES CURIOSAS · CURIOSAS MENTES ·

Asilvestrarse

Volver a lo salvaje

EDITORIAL
CSIC

zahorí
BOOKS

A los seres humanos
nos beneficiaría mucho
asilvestrarnos.

Pero... ¿esto qué significa?
¿Por qué podría ser bueno para nosotros?

Veamos cómo define el diccionario
la palabra *asilvestrarse:*

Asilvestrarse
De *silvestre.*
1. Volverse inculto, agreste o salvaje.

Si le cuentas a tu familia y a tus
amistades que te vas a *asilvestrar,*
¡quizá se preocupen!

Pero lo cierto es que asilvestrarse no es algo negativo. Tampoco se trata de no lavarse, ni de vivir en los árboles, ni de unirse a una manada de chimpancés o de elefantes.

¡En realidad, solo eres una especie más del planeta Tierra!

Asilvestrarse es abrir los ojos a la vida que te rodea y recordar lo que eres.

Eres naturaleza.

No solo interactúas con ella,
dentro de ti hay todo
un ecosistema natural.

Tu propio cuerpo
es un conjunto vivo
conformado por
células, las unidades
vivientes más
pequeñas que
se conocen.

Los seres vivos estamos hechos de ellas. Respiran cuando respiras, viven del agua que bebes, absorben los nutrientes de tus alimentos y realizan tareas especializadas.

Además de tus células, en el ecosistema de tu cuerpo hay millones de microorganismos, microbios que compartes con otras especies.

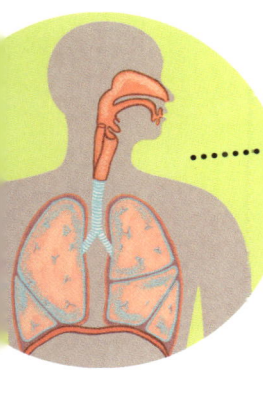

Ayudan a tu organismo a descomponer los alimentos, absorber los nutrientes o tener un sistema nervioso e inmunitario sanos.

Staphylococcus aureus
Bacteria. Se encuentra en el tracto respiratorio y en los mocos.

Staphylococcus epidermidis
Esta bacteria es parte de la microbiota normal de la piel y las mucosas humanas.

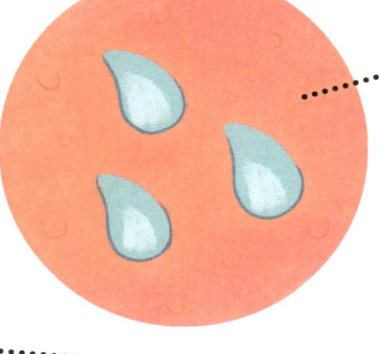

Eres más que un ser humano: ¡eres muchos seres vivos coexistiendo y cooperando a la vez!

Candida albicans
Hongo en forma de levadura. Puede habitar en los tractos respiratorios, digestivo y genital.

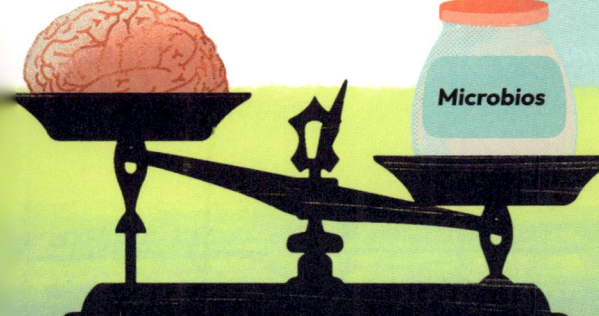

Microbios

Si pudiésemos reunir los microorganismos de tu cuerpo en un recipiente, ¡pesarían más que tu cerebro!

En la naturaleza no existen individuos aislados. Tú, yo, tu familia y la famosa Jane Goodall existimos junto y gracias a muchas especies, aunque no las veamos.

Cierra los ojos por un momento y piensa en alguno de los últimos espacios naturales donde hayas estado: un bosque, un parque, una playa...

piojo

De allí te llevaste una porción de la comunidad que lo habitaba: una hoja y un pequeño insecto enganchados a tu jersey, granos de polen, esporas de hongos... y un montón de microorganismos.

JANE GOODALL

Bióloga conocida por su estudio de la vida social y familiar de los chimpancés. Convivió con ellos durante muchos años en el parque nacional Gombe Stream, en Tanzania.

Los seres vivos convivimos con otras especies y nos beneficiamos unas de otras. Tú también: hasta de los gusanos que a veces encuentras en el suelo y en las frutas con las que te alimentas.

Existimos gracias a la luz del sol, al oxígeno que respiramos, a la lluvia que riega la tierra.

Esa agua y ese oxígeno se transforman y viajan por todo el planeta incansablemente gracias a una infinidad de organismos en acción. Sin esta diversidad de seres vivos (biodiversidad) no sería posible la vida humana.

Más de la mitad de nuestro cuerpo es agua.
La proporción varía según la edad.

LA BIOSFERA

El conjunto de los seres vivos del planeta formamos la biosfera, una de las «capas» que componen la Tierra.
La biosfera interacciona con la hidrosfera, la atmósfera y la litosfera y, gracias al equilibrio y al intercambio entre ellas, existe la vida en la Tierra tal como la conocemos. En la hidrosfera viven los seres acuáticos, como peces, ballenas o algas; en la atmósfera vuelan pájaros e insectos, viajan esporas y bacterias, y en la superficie de la litosfera viven extensas redes de hongos y escarban escarabajos o gusanos.

Cuando comes una zanahoria
y llega a tu estómago, ha sido
gracias a toda esa naturaleza
y a su red de intercambios.

A través de esa zanahoria te han alimentado un sinfín de otras plantas e insectos, hongos, microorganismos, minerales del suelo, lluvia y luz solar. Quizá, incluso, diferentes personas han hecho posible que llegue hasta ti.

En su interior, las células contienen la información genética de los seres vivos, que heredamos de nuestra madre y nuestro padre.

La vida evoluciona gracias a esta interacción entre especies. Los cambios se transmiten de unas generaciones a otras a través de los genes: tu pelo, tu cerebro y tu cuerpo entero son el resultado de toda la naturaleza que te precede.

Humanos, lombrices, gatos, ratones, delfines e incluso plátanos tenemos en común, al menos, la mitad de nuestros genes.

El animal más parecido genéticamente al ser humano es el chimpancé. Con él, Jane Goodall, tú y yo tenemos en común hasta el 98 % de nuestro código genético.

EL CÓDIGO GENÉTICO es la información identificativa de cada ser. Explica cómo es y cómo funciona cada organismo.

Sin embargo, no todas las especies viven de manera salvaje. El hecho de que algunas hayan sido domesticadas influye en su evolución genética, condiciona sus características y su comportamiento.

Por ejemplo, hace más de 18 000 años los lobos salvajes se acercaron a nuestros antepasados, posiblemente atraídos por los restos de carne y huesos de las comidas.

Los seres humanos han domesticado especies desde que se establecieron de manera sedentaria hace unos 10 000 años.

Algunas de las primeras especies animales que domesticaron los humanos fueron la oveja, la cabra y la vaca y, de las vegetales, el trigo, el centeno, el frijol y la cebada.

La interacción entre lobos y humanos se convirtió en un largo proceso de domesticación. Duró miles de años e hizo que el aspecto, el comportamiento y los genes de aquellos lobos se hayan modificado. Tanto, que hoy son los perros que nos acompañan. Como el de tu vecina, ¡que siempre se acerca a olfatearte!

Lo mismo sucede con otras especies domesticadas.
Vacas, ovejas, gallinas… han perdido habilidades
que, en estado salvaje, habrían mantenido.
Su cerebro ha cambiado porque se han ajustado
al entorno y al trato con los humanos. Ya no se
comportan igual que sus parientes salvajes.

En la naturaleza silvestre, las poblaciones de unas y otras especies tienden a regularse y a equilibrarse entre ellas.

Pero, con la
intervención humana,
este equilibrio se
ha visto alterado.

Los seres humanos y las especies domesticadas nos hemos reproducido muchísimo más y con mayor rapidez que las especies salvajes. La continua construcción de carreteras y edificios y el exceso de iluminación artificial han arrinconado a la naturaleza silvestre. La contaminación y la explotación abusiva de seres vivos y recursos naturales también contribuyen a la pérdida de vida salvaje y a la alteración del equilibrio.

La población humana mundial se ha multiplicado por cuatro en solo cien años.

Los humanos representamos más de un tercio del total de individuos mamíferos del planeta, ¡a pesar de ser solo una especie!

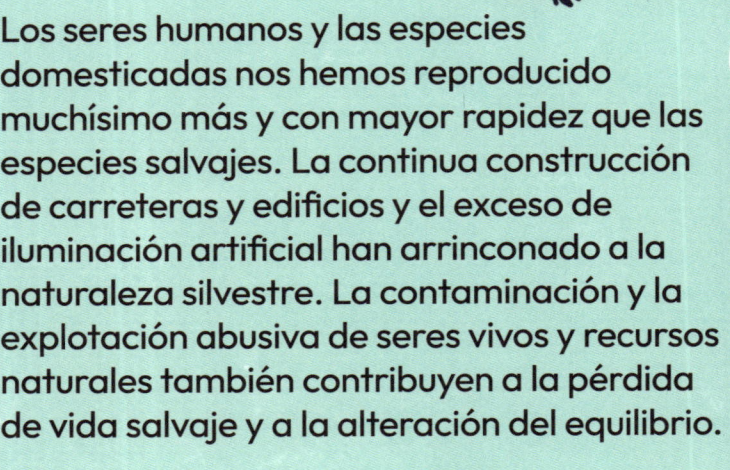

Acaparamos cada vez más recursos y ocupamos cada vez más espacio. ¡Somos un montón!

El número de especies salvajes es muchísimo mayor que el de domesticadas, pero suman muchos menos individuos.

Continuar así
no es sostenible.

Pero hay un camino
diferente, otra forma
de actuar: asilvestrarse.
¿Recuerdas la palabra?
Los humanos podemos
asilvestrarnos.

Asilvestrarse es hacer las
paces con la vida salvaje,
reconciliarnos con nuestra
propia naturaleza.

¡POR AHÍ NO!

ASILVESTRARSE

Preservar la vida salvaje es imprescindible para el planeta. Eres un terrícola: tu salud depende de las especies silvestres. ¡Sus beneficios sobre los demás seres vivos son irremplazables!

LAS MICORRIZAS son asociaciones entre los hongos del suelo y las plantas. Estos hongos penetran en las raíces de la planta sin dañarla y la ayudan a captar el agua y los nutrientes del suelo. Gracias a ellas la planta puede crecer fuerte y sana.

No aporta lo mismo un árbol de un bosque milenario que un árbol joven de una ciudad. Los árboles centenarios o milenarios sujetan y enriquecen mucho más el suelo con sus raíces y con las micorrizas que se enlazan en ellas. Además, refrescan más el aire con su sombra; atraen la lluvia y retienen mejor la humedad, necesaria para la vida; ofrecen regeneración y protección ante el calentamiento global, los incendios o la contaminación.

El ser vivo más grande de la Tierra es un hongo que crece en una superficie de nueve kilómetros cuadrados en el estado de Oregón, Estados Unidos.

Los seres humanos no cazamos como los dingos, no ramoneamos como los ciervos, no descomponemos la materia orgánica como los alimoches ni filtramos miles de litros de agua como las nacras. No somos capaces de fertilizar la tierra como los escarabajos o las lombrices, no comemos tantos insectos como los axolotes ni podemos hacer la fotosíntesis como los vegetales.

Hay funciones clave para los ecosistemas que solo hacen otras especies silvestres.

El ramoneo es una forma de alimentación herbívora basada en hojas, brotes y frutos de plantas leñosas (árboles o arbustos).

El alimoche es un ave carroñera: se alimenta de animales muertos. Juega un rol esencial para los ecosistemas porque devuelve al sistema energía y nutrientes.

El dingo es un perro salvaje del sudeste asiático. Vive solo o en manada, recorre largas distancias y se comunica con aullidos.

El axolote o ajolote es una especie acuática de anfibio con cola. Es originaria de México. Habita en lagos o canales de aguas poco profundas con mucha vegetación.

La nacra es una especie de molusco bivalvo propia del Mediterráneo. Puede alcanzar 120 centímetros de longitud y vivir más de 20 años. Está en peligro crítico de extinción.

Piensa en un terreno que ya no se labra
ni guarda ganado. Aunque no lo parezca,
¡está vivo! En él hay naturaleza silvestre
tratando de hacerse espacio.

Hay especies que florecen, alimentan a los
polinizadores y a otros animales, y con ellas
se regeneran el suelo y el agua. Benefician
a los ecosistemas que nos permiten vivir.

Asilvestrarse es cambiar nuestra mirada
y reconocer la vida silvestre: la que florece
en libertad, más allá de nuestro control.
Y dejar de darle la espalda.

Los seres humanos somos capaces de organizarnos para proteger la naturaleza y nuestra propia vida.

Apagar las luces

Uso de energías limpias

Cuidar el planeta

Reservar áreas silvestres

Proteger especies

Dejar de contaminar

Proteger los árboles centenarios

Está en nuestras manos crear una convivencia beneficiosa con las demás especies y con el conjunto de la naturaleza.

Establecer acuerdos mundiales

Aprender entre culturas

Reverdecer el futuro

Reducir el calentamiento

Regenerar los ecosistemas

Podemos ponernos de acuerdo para reducir la contaminación y el calentamiento global; aprender de otras culturas y trabajar en equipo; conocer y proteger la biodiversidad; devolver el curso natural a los ríos y dejar que los ecosistemas se regeneren; producir alimentos de manera sustentable o consumir productos de cercanía.

Emisiones contaminantes
sin control

La forma en que nos relacionamos
con la naturaleza nos ha llevado
a la pérdida del 73 % de las
poblaciones de vida silvestre.

Caza de ballenas

Si toda la
humanidad gastara
la cantidad de recursos
que consumen los países
más ricos, necesitaríamos
5 planetas enteros
al año.

... y adquirir hábitos nuevos, que nos ayuden a recuperar el equilibrio.

El *SHINRIN-YOKU*
o 'baño de bosque' es un
tipo de paseo meditativo
de origen japonés. Gracias
al contacto con la espesura
del bosque y la naturaleza,
esta práctica mejora nuestra
salud psicoemocional.

Podemos restaurar los ecosistemas y contribuir a que la vida silvestre se regenere.

Comederos de semillas

Vallas de retención de suelos y barreras vivas

Regeneración de flora y fauna autóctonas

Madrigueras artificiales

Para favorecer el equilibrio natural se necesitan personas expertas en ecología, biología, botánica, microbiología o producción sostenible de alimentos.

También hacen falta personas que sepan de arquitectura sostenible, antropología, sociología, filosofía o psicología, que ayuden a organizar y a pensar cómo mantener una buena convivencia con la vida salvaje.

Huertos regenerativos

Ecoductos o corredores verdes para el paso de la fauna

200 m

Diversidad de árboles nativos

Renaturalización de ríos y riberas y eliminación de presas

En otras palabras, podemos transformar nuestra relación con la Tierra; podemos cambiar nuestra forma de sentir, pensar y actuar para que la naturaleza florezca. Y conseguir que el planeta tenga las condiciones para vivir y para garantizar nuestra vida y la de todos los organismos que nos rodean.

**Busca un lugar en el que haya vida silvestre
y quédate allí sin moverte, en silencio.
¿Qué has encontrado? ¿Qué has percibido?**

Cristian Moyano Fernández

Cristian es filósofo y doctor en Ciencia y Tecnología Ambientales por el Instituto de Ciencia y Tecnología Ambientales (ICTA) y la Universidad Autónoma de Barcelona (UAB). Actualmente investiga en el Instituto de Filosofía del CSIC, donde se enfoca en explorar la relación humana con la vida silvestre en contextos de crisis ecológica. Con este fin indaga en la literatura sobre ética ambiental, justicia ecológica y salud global, para pensar críticamente sobre conceptos como la interdependencia, el antropocentrismo o el ecocentrismo.

Ha participado en numerosos congresos internacionales y coordinado el proyecto de investigación interdisciplinar «ERA-CERES». Cuenta con más de treinta publicaciones, entre las que destacan sus tres libros: *Ética del rewilding* (Plaza y Valdés, 2022), *Límites ambientales y justicia ecosocial* (CSIC y Plaza y Valdés, 2023) y *Puentes salvajes* (Plaza y Valdés, 2024). Cristian también ha sido voluntario en diversos movimientos y acciones sociales que reclaman una transición más justa con los demás seres vivos con los que compartimos este planeta.

Ama el contacto con la naturaleza, pasear entre árboles silvestres, despertarse con el canto de las oropéndolas y acostarse con el ulular del autillo.

Conoce más a Cristian Moyano Fernández:

Colección Mentes curiosas - Curiosas mentes

DIRECCIÓN
Pura Fernández

SECRETARÍA
Carmen Guerrero

COMITÉ EDITORIAL
Paloma Arroyo Waldhaus
Irene Cuesta Mayor
Marta Fernández Lara
Emilio García Gómez-Caro
Marta Lorés
Luisa Martínez Lorenzo
Mireia Trius
Mar Valls
Violeta Vicente Olmo

Primera edición: mayo de 2025

© 2025, de los textos: Cristian Moyano Fernández
© 2025, de las ilustraciones: Irene Cuesta Mayor
© 2025, de la edición:

CSIC, 2025
http://editorial.csic.es
editorialcsic@csic.es

Zahorí Books · Sicília, 358 1-A 08025 Barcelona
www.zahoribooks.com

Adaptación y aportaciones al texto original: Irene Cuesta Mayor
Diseño y maquetación: Joana Casals
Corrección: Miguel Vándor

ISBN: 978-84-19889-36-2 (Zahorí Books)
ISBN: 978-84-00-11377-3 (CSIC)
e-ISBN: 978-84-00-11378-0 (CSIC)
NIPO: 155-25-015-9
e-NIPO: 155-25-016-4
DL: B 3547-2025

Impreso en Barcelona

Este producto está elaborado con materiales de bosques con
certificado FSC® y bien gestionados, y con materiales reciclados.